AF589032

N° 26

# CULTURE & INDUSTRIE.

## RELATION

D'UN

## VOYAGE AGRICOLE DANS LE NORD

**Par P. ROUSSILLE,**

Cultivateur. — Vice-Président du Comice agricole
de l'arrondissement de Chartres.

CHARTRES
IMPRIMERIE DE G. DURAND, RUE DE L'HOSPICE.

1872

# CULTURE & INDUSTRIE.

# CULTURE & INDUSTRIE.

## RELATION

D'UN

## VOYAGE AGRICOLE DANS LE NORD

**Par P. ROUSSILLE,**

Cultivateur. — Vice-Président du Comice agricole
de l'arrondissement de Chartres.

CHARTRES

IMPRIMERIE DE G. DURAND, RUE DE L'HOSPICE.

—

1872

## AUX CULTIVATEURS

### DE LA BEAUCE.

---

C'est à vous, mes compatriotes, que je dédie cet opuscule. Il me semble être d'actualité.

Si sa lecture peut suggérer à quelques-uns d'entre vous l'idée d'aller voir, comparer et juger, je croirai n'avoir pas perdu le temps que j'ai mis à en réunir les matériaux et à l'écrire.

L'un des vôtres,

P. ROUSSILLE.

Ferme de Bessay, 20 mai 1872.

# CULTURE & INDUSTRIE.

## RELATION

D'UN

## VOYAGE AGRICOLE DANS LE NORD [1]

### AB OVO.

Quand j'écrivis les pages qu'on va lire, j'arrivais d'une longue excursion dans le Nord de la France. — L'étude de cette agriculture, que partout on nous signalait comme modèle, l'examen de ses résultats m'avaient convaincu que la situation exceptionnellement prospère que je venais de voir n'était due qu'à l'alliance déjà vieille de la culture et de l'industrie.

Alors, rappelant mes souvenirs, et jetant un regard de comparaison sur l'état de notre pays de Beauce, relativement stationnaire, je me prenais à regretter de ne le point

(1) Articles publiés dans *L'Union agricole* de Chartres (Eure-et-Loir), nos des 16, 19, 23 et 26 mai 1872.

trouver apte à s'approprier une situation analogue, de le juger à peine à même de tenter les mêmes efforts. Je ne lui voyais point, en effet, les éléments qui, là-bas, ont assuré le succès.

Densité de la population, qui donne au travail sa main-d'œuvre, à la production, ses consommateurs ; perfection des voies de communication ; variété des débouchés ; adoption facile et partout économique (grâce au voisinage de la houille) de l'emploi de la vapeur ; puis, enfin, capital largement, hardiment versé sur des cultures restreintes, bien utilisé par une instruction agricole déjà plus avancée, par une certaine audace qui n'excluait pas la prudence. Le Nord avait tout cela, et nous n'avions rien, ou presque rien.

Relativement dépeuplé, notre pays, aride, sans cours d'eau, sans canaux, muni d'un seul chemin de fer, loin des mines, sans autres débouchés que les minoteries, disposant d'un certain capital, sans doute (mais que l'élevage du mérinos, basé sur la culture relativement facile des prairies artificielles, l'avait habitué à éparpiller sur de larges surfaces), puis, avouons-le, sans initiative, dédaigneux de tout ce qui sortait de ses usages, se reposant, d'ailleurs, sur les lauriers cueillis par ses pères, ne sentant point assez l'aiguillon de la nécessité, ne me paraissait pas mûr pour une transformation.

Mais on pouvait espérer quelques recherches, quelques études. Déjà, quelques-uns, en Beauce, hardis novateurs, s'étaient fait distillateurs de betteraves ; le mérinos à laine fine s'alliait au mouton à viande précoce. On apercevait une tendance ; on pouvait l'encourager, en l'engageant, par le récit d'un voyage, à aller voir, comparer et juger.

Le Nord, me disais-je, n'a pas toujours été ce qu'il est. — La sucrerie indigène, cause première de sa prospérité, ne date que d'un demi-siècle. Ce sont les besoins amenés par la civilisation et le bien-être, les exigences de toutes sortes, dont la marée montante n'a pas encore trouvé ses limites, qui l'ont amené où il en est. Le jour n'est peut-être pas éloigné où les mêmes besoins, les mêmes exigences forceront d'autres pays à le suivre. La Beauce, avec ses grandes plaines, son voisinage de Paris, sa réputation classique de fertilité, devait être, à mes yeux, des premières à se voir forcer la main.

Il y a de cela dix ans. — Depuis lors, les événements se sont accumulés. — La situation de la Beauce s'est modifiée profondément. Son réseau vicinal s'est achevé, quatre grandes lignes de chemins de fer la sillonnent, un système complet de railways départementaux va relier entre eux tous ses cantons ; les distances se sont rapprochées, les transports sont devenus faciles, les exigences d'en haut et d'en bas se sont accrues jusqu'à rendre très-précaire la position de la culture. Enfin, un cataclysme épouvantable, menaçant la patrie entière, est venu fondre sur elle ; la nécessité, l'impitoyable, frappe à l'une de ses portes : heureusement l'industrie, débordant du Nord, frappe à l'autre. — Le temps nous paraît venu de lui ouvrir.

Mais l'alliance qu'elle nous propose est délicate à conclure ; les conditions en doivent être également avantageuses : mais il s'agit de les bien utiliser, et nous pensons, comme il y a 10 ans, que quelques visites à nos voisins du Nord, qui ont su en tirer tout le parti possible, l'étude de leurs pratiques de culture, l'examen des résultats qu'ils ont obtenus doivent être d'une certaine utilité pour ceux qui veulent débuter dans cette voie. — Nous reprenons donc notre travail de 1862, dans l'espoir de poser quelques jalons dans ces pays aux prochains excursionnistes agricoles beaucerons.

J'ai vu, je raconte.
(A. de Vigny).

# I.

## Le Soissonnais. — M. Vallerand.

Nul ne contestera qu'après les leçons de l'école, un stage chez un praticien habile, le meilleur moyen de s'instruire, c'est de voyager ; c'est, pour un jeune agriculteur, d'aller visiter quelques exploitations bien dirigées, joignant à l'intelligence de leur organisation la prudence dans leur marche. C'est là l'école d'application de l'agriculture.

Et nulle part on ne rencontre tant de ces bons exemples d'agriculture progressive et lucrative que dans la région nord' de la France. — En route donc pour ces départements. Le voyage est facile, le pays est sillonné en tous sens d'une multitude de lignes ferrées qui vous déposent sur tous les points ; partout la réception est cordiale, l'hospitalité excellente, les renseignements nombreux, spontanés, complets.

La ligne de Soissons parcourt d'abord la culture maraîchère des environs de Paris, puis les plaines à céréales de Dammartin, les landes parsemées de dolmens qui cachent Crépy-en-Val ; puis, après avoir traversé la superbe forêt de Villers-Cotterets, elle entre dans le Soissonnais, où la vue plus fréquente de hautes cheminées indique qu'on approche d'une contrée industrielle.

C'est un pays de plateaux assez élevés formant des plaines d'une couple de lieues de long sur deux ou trois kilomètres de largeur, séparées par des vallées assez escarpées, parfois même ravinées, où coulent l'Aisne et ses petits affluents. Il est assez singulier que, dans ces vallons, le sol ne sente pas du tout l'alluvion et soit de bien moindre qualité que sur les plateaux où la terre, argilo-sableuse, ayant beaucoup de fond, est facile à travailler et se prête fort bien à toutes les cultures.

Le bétail le plus répandu est le mouton, que presque tous les fermiers élèvent et engraissent simultanément, ce qui fait que dans chaque troupeau on trouve à la fois la brebis nourrice, l'agneau gris et le mouton de tous les âges. — C'est, du reste, une variété de métis-mérinos assez tendre, à mèche longue, blanche, presque sans bouture de suint : son cou est sans fanon comme le reste de son corps sans plis, sa conformation est aussi bonne qu'on la puisse demander au mérinos, et on en voit les plus beaux types chez M. Conseil-Lamy, d'Oulchy-le-Château, qui tient l'un des plus beaux troupeaux du Soissonnais. C'est aussi au sud-est de cette contrée que M. Graux a créé la race soyeuse de Mauchamp.

Le bœuf est très-employé, attelé au joug, pour les travaux agricoles, labourages et transports lourds ; souvent les attelages sont mixtes, moitié chevaux, moitié bœufs; le cheval (cauchois ou picard) ne s'est conservé seul que dans les fermes qui n'ont encore adopté que peu ou point la culture *intensive* et *industrielle*.

Pour juger de l'énergie de cette culture, qu'on a nommée intensive parce qu'elle vise aux récoltes maxima, il faut aller visiter Moufflaye, la ferme déjà célèbre du lauréat de la prime d'honneur du département, qui ne se trouve du reste qu'à une dizaine de kilomètres de Soissons.

A première vue, cette ferme flatte peu : construite à mi-côte au flanc de la montagne qui encaisse l'Aisne, sur un terrain en pente, composée de vieux bâtiments, en pierres il est vrai, mais assez mal disposés et couverts de vieille paille verdie par les eaux et le temps, elle étonne le visiteur, qui cherche les logements utiles à l'exploitation de 250 hectares et à tout ce matériel de bœufs, de chariots et de charrues qui en ont fait le succès.

L'excellent parti qu'a su tirer le fermier de toutes ces vieilles chaumières n'est certes pas le moins bel exemple qu'a voulu présenter à tous la haute récompense accordée : car soixante-quinze beaux bœufs charolais, six chevaux et sept cents moutons ont trouvé place dans ces..... hangars, et une place commode, grâce aux intelligentes dispositions prises par l'exploitant.

Je ne veux point répéter ici ce que la plume habile de M. Gérard de Blincourt a déjà appris au monde agricole dans une feuille plus accréditée. Pourtant je ne puis passer sans un mot sur sa culture qui est tout un système.

M. Vallerand pose lui-même ainsi le problème : « Tirer d'une très-grande masse d'engrais la plus grande somme de produits possible ; » et il répond : « Enfouir le plus profondément possible l'engrais, afin que, tenu en réserve et sans déperdition sous une épaisse couche de terre qui en retient les principes toujours prêts à s'évaporer à cause même de leur nature fermentescible et partant gazéifiable, il puisse chaque année fournir à la récolte semée les sucs dont elle a besoin. »

Il lui fallait donc deux choses : l'engrais en masses énormes, l'instrument à grande puissance. L'engrais, il s'en procura partout et tant qu'il put à Soissons, à Vic-sur-Aisne, à Compiègne même, distant de six lieues ; mais surtout il s'appliqua à en fabriquer beaucoup lui-même, en substituant le bœuf au cheval, l'engraissement du mouton à son élevage, et en le conduisant tout frais avant toute déperdition dans ses terres ; la charrue pour l'enfouir, il la rêva, et construisit un brabant-double gigantesque qu'il nomma la *Révolution*.

En possession de ces deux puissances, après avoir temporisé, reposé sa terre par la jachère et la luzerne, après l'avoir saturée d'engrais, profitant de son voisinage (5 kilomètres), il passa un marché avec une sucrerie et conçut son fameux assolement quinquennal, épuisant, audacieux, mais riche et basé sur les deux plantes les moins fragiles : le blé et la betterave, et qui lui paraissait devoir résoudre le problème posé.

Les 250 hectares de Moufflaye subissent la rotation unique suivante :

1° 50 hectares betteraves, fumés à 70,000 kilos et *révolutionnés* à 38 centimètres.

2° 50 hectares betteraves, avec 300 kilos de guano et un labour à 30 centimètres.

3° 50 hectares de blé, avec 250 kilos de guano et un labour léger.

4° 50 hectares de trèfle et sainfoin, avec cendres pyriteuses.

5° 50 hectares de blé, avec 250 kilos de guano et un labour léger.

Que tout soit à sa place, que les travaux s'enchaînent bien dans cette rotation, je le laisse à juger à d'autres. Pour moi, il a la sanction du résultat, le baptême des chiffres qui en disent plus que bien des raisonnements. Il arrive à produire en moyenne 45,000 kilos de betteraves, 28 à 30 hectolitres de blé, qu'il sème toujours en ligne, à l'aide du semoir Smith, et 6,000 kilos de fourrages secs à l'hectare ! un produit brut enfin de plus de 600 francs sur tout hectare du domaine !..... Y a-t-il bien des fermes qui se puissent flatter de créer une telle masse de richesse ?

Mais il faut tout dire : le nerf de toute entreprise humaine, le capital est là aussi en masse énorme. Pourtant il ne vient pas du point de départ ; il s'est créé, il a grandi par le travail intelligent et patient de vingt-cinq années. Il est habilement manié, largement et judicieusement dispensé à un sol profond (argilo-sableux) facile à travailler, qui répond à l'appel du soc et du métal ; et l'industrie voisine lui fournit les moyens de reconstituer la richesse enlevée au fonds..... Malgré tout, on a besoin de voir un peu les livres et le bien-être croissant de la maison pour croire à un placement avantageux dans une entreprise telle, que le Nord même n'en présente pas de plus hardie.

Ce qui encourage à croire encore, c'est la vue des terres contiguës qui, fumées et labourées comme par le passé, dépensent peu, mais produisent moins encore proportionnellement au capital engagé, et sont restées dans leur même degré de fertilité qu'autrefois.

Si l'on examine les détails de la marche, on est frappé de leur perfection.

Le fumier épandu sur un déchaumage exécuté en septembre, la *Révolution* arrive. Tirée par douze énormes bœufs, elle retourne en une journée en bandes de 45 centimètres de large un hectare de terre, — et sur ce seul labour on sèmera, après hersage et roulage énergique, des betteraves en avril, pour suivre l'ordre réglé de la rotation, et cinq ans plus tard revenir au défoncement ; et j'ai vu sur la ferme des terres déjà défoncées trois fois, où le blé se porte mieux que dans aucune terre de Beauce légèrement et fréquemment brassée, dont pendant l'été l'engrais est trop souvent exposé au soleil qui le suce. Quant aux mauvaises herbes : enfouies, pourries ou brûlées, je n'en ai vu un pied nulle part.

Rareté et énergie des façons de culture sur une terre saturée d'engrais, voilà les moyens ; toujours des récoltes pleines, voilà le résultat de tout le système.....

Non, c'est encore à la maison une fabrication rapide et économique d'excellents fumiers, qui sont en fin de compte le plus clair, et parfois le seul bénéfice de l'entretien d'un nombreux bétail parfaitement nourri.

Près de la grange, à portée de la machine à vapeur, dans un local *ad hoc*, s'opère la manutention des vivres, et c'est peut-être là la pratique la plus immédiatement réalisable partout comme dans cette belle exploitation.

Au premier étage, un hache-paille coupe tous les fourrages, pendant que divers instruments aplatissent l'avoine, concassent l'orge et nettoient le blé. Le fourrage, tombé par une trémie, se mélange au rez-de-chaussée à la pulpe, au son, aux balles de blé et au sel dénaturé.

Les quatre-vingts bœufs, divisés en deux bouveries, reçoivent chacun :

| | | | |
|---|---|---|---|
| Pulpe de presse.. | 30 kilos. | | |
| Son............. | 3 | — | |
| Fourrage haché.. | 3 | — | |
| Balles .......... | 0 | — | 990 g. |
| Sel............. | 0 | — | 10 |
| | 37 kilos. | | |

Le tout en trois repas, et revenant par jour à 1 fr. 25 c.

Les moutons, logés sous un immense hangar divisé en travées de 70 bêtes, reçoivent chacun :

| | | | |
|---|---|---|---|
| Pulpe........... | 3 kilos. | | |
| Fourrage haché.. | » | — | 1/2 |
| Son ............ | » | — | 1/2 |
| Paille et sel. .... | » | — | 1/2 |
| | 4 kilos | | 1/2 |

Le tout en deux repas et revenant à 15 c.

Ce qui prouve qu'après quatre-vingt-dix jours de ce régime, par conséquent une dépense de 13 fr. environ, il faut que la viande se vende bien pour qu'il y ait d'autre bénéfice que l'engrais ; ce qui, du reste, est beaucoup.

Dans la ration des chevaux, la pulpe est remplacée par 6 kilos d'avoine aplatie. Avec deux millions de kilogrammes de pulpe, 300,000 kilos de fourrage et autant de son, il est bien permis d'espérer une certaine masse de fumier, surtout quand le hachage et le mélange viennent assurer la consommation régulière et profitable de toute la masse, sans gaspillage aucun ! Et ne pourrait-on adopter le hache-paille partout, aujourd'hui que toutes les fermes presque sont munies de manéges à pompes ou à batteuses ?

Tel est, dans sa vérité, tout le système de M. Vallerand : je ne le blâme ni ne le conseille pas plus qu'il ne le fait lui-même à ses visiteurs placés dans d'autres conditions que lui : son talent a été justement (et c'est l'enseignement qui ressort d'une visite à Moufflaye), a été, dis-je, de se mettre à même de tirer le plus grand profit des circonstances qui l'ont entouré et des industries qu'il a eues à sa disposition.

Mais en parcourant les fermes environnantes, qui ne le suivent encore que de bien loin, en faisant retour sur son propre pays, on ne peut s'empêcher de l'admirer, dans sa conception, qui a demandé une hardiesse et une sûreté d'intelligence des plus grandes ; dans ses moyens d'action, qu'il a fallu une grande énergie pour mettre en œuvre ; dans ses résultats, qu'on peut palper du doigt, et qu'il a fallu une persévérance rare pour atteindre. Et à ceux d'entre les jeunes qui souriront de ces détails, je dirai : allez vous mettre une saison sous les ordres de cet homme, et vous verrez que tout chez lui se pèse, se calcule, et tend au plus grand *profit net*, qui est le final de toute profession.

Aujourd'hui, après 10 années écoulées, je répéterai aux jeunes cultivateurs ce qu'on me disait à moi-même en 1862 : Allez à Moufflaye.

C'est toujours une grande manufacture agricole où l'on fabrique en grandes masses 3 produits de haute valeur : le blé, le sucre et la viande. Vous y trouverez toujours le même homme sur la brèche.

Mais ce n'est plus, aux yeux mêmes du

Soissonnais, le novateur *téméraire* dont les hardiesses culturales effrayaient, quand dès 1856 on le voyait atteler 12 énormes bœufs à une charrue, digne des temps d'Homère, *révolutionnant* le plateau qui domine l'Aisne, et y enfouissant des montagnes de fumier. Non, c'est maintenant l'athlète victorieux contemplant l'arène, témoin de ses exploits.

C'est le cultivateur toujours debout, dont une belle et légitime position de fortune couronne la carrière, preuve de la bonne direction de sa marche, de l'excellence de ses travaux. Ses voisins l'admirent et l'imitent à qui mieux mieux.

Si vous l'allez voir, il ne vous dira pas : Faites ce que vous me voyez faire. Il vous racontera plutôt ses débuts modestes, ses longues années de temporisation, de jachères étendues, de cultures de luzerne qui ont préparé sa terre à la haute lutte ; puis ses essais de culture industrielle, sa curieuse expérience sur la valeur nutritive de la betterave (il a, en 1852, engraissé 5 moutons en faisant consommer à chacun d'eux en 100 jours 630 kilos de betteraves pures); puis enfin son marché de 30 hectares avec la sucrerie de Berneuil, qui fut le commencement de ses grandes et productives cultures de betteraves. Il rassurera vos timidités, calmera vos impatiences, empêchera vos illusions, et assignera des limites certaines à vos espérances. Mais tâchez surtout de vous inculquer à vous-même quelque chose de sa capacité commerciale, de son énergie, de sa persévérance, et vous sortirez de chez lui plus confiant, mieux préparé à affronter et à vaincre les difficultés de la culture nouvelle que vous voulez entreprendre.

Une lacune de la voie ferrée force de parcourir, entre Soissons et Chauny, une vingtaine de kilomètres en voiture. La route traverse un pays plat, de culture généralement céréale où pourtant quelques sucreries viennent déjà assurer la besogne de l'ouvrier rural et le retenir aux champs. Elle contourne les restes orgueilleux du manoir des Sires de Coucy, le plus inexpugnable château-fort de la France féodale ; au pied des trois tours qui restent s'élève le modeste toit de la ferme-fabrique de sucre de M. Carette, fondée depuis vingt-cinq ans déjà et fonctionnant encore parfaitement.

Cette ferme et ce manoir rapprochent dans la pensée deux grands âges de l'histoire du monde : le règne de la force brutale, que ces murs crénelés n'ont pu défendre ; le règne de l'intelligence, qui grandit, s'étend chaque jour, et n'aura d'autre limite que son principe même, Dieu.

Après quelques montées, nous entrons en Picardie et touchons à Chauny, village de *20,000 habitants*, tout manufacturier, et où la tombée de la nuit nous invite à dîner avec la bière à 10 c. la canette. Le vin se fait rare dans ces parages et vaut 3 fr. la bouteille.

---

## II.

### Le Nord. — L'Industrie.

Chauny peut se flatter d'avoir des moyens de transport : un canal, deux bras de l'Oise, un chemin de fer le traversent. Aussi quelle industrie ! C'est là que Saint-Gobain envoie polir ses glaces. Vingt-trois hectares de terre sont couverts des dépendances de cette colossale manufacture, sans parler d'une voie ferrée de quinze kilomètres qui lui appartient. Que de jolies femmes et de fines moustaches il faut mirer pour que les dividendes arrivent aux actionnaires !

De Chauny à Saint-Quentin, de Saint-

Quentin à Busigny et à Cambrai, ce ne sont que fabriques ; partout la brique picarde a détrôné la pierre de taille, et villages et villes y gagnent en propreté, en coquetterie.

De Cambrai à Somain, le sol est excessivement morcelé et fort bien cultivé du reste ; les habitations se pressent, on sent que la population se condense. Nous sommes dans le Nord, où chaque hectare de terrain porte trois habitants, pendant qu'Eure-et-Loir en porte *un demi* par hectare. Oh émigration, que ne règnes-tu de campagne à campagne! On aperçoit dans le lointain un brouillard noirâtre : c'est, dit-on, Valenciennes et ses innombrables fabriques ; c'est Raismes, Valler, Anzin, qui ne forment qu'un village de quatre lieues d'habitations non interrompues, avec leurs hauts fourneaux, leurs mines de houille, leurs fabriques de sucre, leurs linières.

La culture est moins divisée : c'est que le mineur, l'ouvrier d'industrie ne possède pas la terre. Il se contente de la cité ouvrière qu'on lui bâtit et qu'on lui loue près de son usine, et où malheureusement il a souvent mangé la quinzaine avant l'expiration de la quinzaine, quitte à émigrer un moment l'été quand la morte-saison amène le chômage, pour revenir ensuite pas plus riche qu'à l'autre campagne. Que de misères, que de richesses entassées pêle-mêle dans ce petit coin de la France !

Serait-ce une loi providentielle ou fatale qui rapproche ainsi partout, à Londres, dans les Flandres, en Belgique, dans tous les pays manufacturiers, la richesse et le paupérisme ! Enchaînés l'un à l'autre depuis des siècles, l'un ne peut donc pas éteindre l'autre !

Cette vie au jour le jour assure des bras toujours et à bon compte à toutes ces industries, non moins certainement qu'elles-mêmes assurent de l'ouvrage à tous ces bras :

A Soissons déjà, c'est une grande fabrique de bouteilles qui emploie près de sept cents ouvriers à souffler le verre et à confectionner chaque mois trois cent mille bouteilles ; à Chauny, c'est, outre l'industrie des glaces, des fabriques de cotonnades, le travail du lin ; à Tergnier, c'est un grand atelier de réparations de machines de la Compagnie du Nord, avec la bifurcation de trois lignes ferrées se dirigeant vers Reims, vers Compiègne et vers le Nord ; à Busigny, à Somain, c'est l'industrie sucrière, c'est déjà l'extraction de la houille ; à Douai, ce sont d'importantes filatures de lin, qui achètent à la culture les tiges battues et liées en bottes de dix à douze kilos, pour exécuter dans l'usine le rouissage, le broyage ou teillage, puis le filage ; c'est encore, parsemées dans toutes les plaines et distribuées dans tous les hameaux, pour ne pas dire dans bon nombre de fermes, les fabriques de sucres indigènes presque toujours doublées de distilleries de mélasse, et souvent de fabriques de potasse ; c'est enfin et c'est surtout et partout la culture active, commerçante, industrielle, dont l'incessant labeur manque le moins aux ouvriers de tout âge et de toute nature, à cause de la variété de ses opérations : c'est là que chacun trouve place, les hommes aux labours, aux charrois, les femmes et les enfants aux sarclages l'été, au travail des betteraves et de la pulpe l'hiver.

Nous voici à Valenciennes, que sa triple enceinte de murs de briques et les eaux de l'Escaut séparent d'Anzin, sa grande annexe. Que tout est sale et noir ! Nous voici sur la houille ; autour de la ville comme dans les rues, une épaisse couche de charbon pilé et pâteux recouvre le pavé ; les murs des maisons, les fortifications mêmes ne laissent plus voir qu'une brique noircie ; et tous les gens paraissent blêmes auprès de cette teinte dégoûtante.

Ne nous plaignons pourtant pas trop : ce charbon si sale, c'est l'âme de cette grande vie manufacturière, c'est la cause première des productions à bon marché, et de ventes lointaines à des prix accessibles encore ; et le bon marché du combustible (1 fr. l'hect.) a été l'une des causes qui ont lancé la culture du Nord dans la voie de l'industrie.

L'arrondissement de Valenciennes n'est pas le moins bien cultivé du département du Nord ; et il a l'avantage d'avoir des terres, sinon meilleures, du moins plus faciles peut-être à travailler qu'aucune autre.

C'est une argile assez consistante, mêlée à une assez forte proportion de sable, qui la divise et l'empêche de s'enherber ; l'élément qui lui manquerait serait la chaux ; mais, outre les chaulages pratiqués depuis longtemps, l'engrais provenant des écumes de défécation vient souvent s'ajouter aux fumiers de fermes et compléter la composition du sol. Du reste, la couleur brun très-foncé que présente souvent ce sol dit assez la quantité d'humus qu'il renferme et tient à la disposition des récoltes.

L'animal le plus employé aux travaux des champs est le cheval, le très-gros cheval généralement bai de la race flamande. On les attelle trois de front à des chariots sans timon (ce qui indique que le pays est sans côte). Dans quelques fermes, et notamment chez les fabricants de sucre, on trouve aussi des attelages de bœufs, tirant, non plus au joug comme dans le Soissonnais, mais au collier ; et vraiment ces pauvres bêtes, indépendantes l'une de l'autre, marchant le front levé, gagnent à ce mode d'attelages de paraître beaucoup moins brutes.

On trouve trois ou quatre espèces de charrues: le binot, dont le nom indique la forme, et qui sert à déchaumer en billons pour mettre la plus grande surface possible au contact de l'air; le *harna*, araire du pays, grossièrement construit et qui demande une grande habitude de son conducteur pour faire un travail médiocre; enfin et surtout le brabant, cette charrue jumelle que construit M. Fondeur dans l'Aisne, M. G. Hamoir, à Saultain, près Valenciennes, et qui n'est qu'un araire avec avant-train, exigeant le moins de tirage possible eu égard à la profondeur du labour exécuté, se conduisant seul, construit fort solidement tout en fer, et formé de pièces bien dictinctes assemblées à écrous.

J'ai ouï dire à quelques cultivateurs de Beauce que, parfait pour un premier labour de défrichement ou sur chaume, le brabant-double perdait sa supériorité en travaillant une terre déjà remuée et ameublie.

Les cultivateurs du Nord comme ceux de Picardie ne connaissent pas cet inconvénient, car ils ont pour habitude de ne donner presque jamais qu'un seul labour entre chaque plante cultivée ; et, pour n'en citer qu'un exemple, je dirai que j'ai vu près de Soissons une superbe pièce de blé semé sur vieux labour du mois de juillet après pâturage de sainfoin et minette.

Mais il ne suffit pas de voir, au courant d'un train de grande vitesse, ces hautes cheminées que surmonte un nuage noirâtre, ces spacieux bâtiments de briques, pour se rendre compte du mouvement industriel de ce pays laborieux. Il faut y entrer, suivre attentivement les travaux qui s'y exécutent. C'est là qu'on assiste à la création en détail de notre richesse nationale.

Voici le puits de descente du charbonnage de Sainte-Saulve, descendons, puisqu'on nous y invite. Habillés en mineur, munis de la petite lanterne de sûreté accrochée au chapeau, on se place dans la *benne*, sorte de petit wagonet qui sert au chargement et à l'ascension du charbon. Un câble plat, large comme trois mains et épais comme une, d'une solidité non équivoque, se déroule sur une série de poulies à gorges ; et vous descendez doucement dans les entrailles de la terre. A 153 mètres, voici la première galerie, le premier *filon*, de médiocre richesse, qu'on a mis en exploitation; le *filon* est peu épais, le mineur s'y place avec peine pour attaquer le roc d'ébène, qu'on étaye derrière lui. Descendons, descendons toujours ; mais l'air ne va pas en se purifiant, une saveur aigre vous prend à la gorge, les narines dilatées aspirent avec quelque peine ce que le gigantesque ventilateur monté à l'orifice du puits, et mû par une puissante machine à vapeur, nous envoie d'air respirable : l'habitude est décidément une seconde nature, car les mineurs qui nous entourent ne paraissent pas souffrir; ils rient, ils chantent au-dessous de nous.

Nous voici arrivés à la chambre de chargement, sorte de rond-point d'où partent, dans des directions indiquées par les *filons de houille*, 4 ou 5 galeries aux voûtes soutenues de distance en distance par des poutrelles de sapins non équarries, aux parois luisantes, s'élargissant, se resserrant selon la richesse du gisement, se bifurquant quand le filon bifurque lui-même ; et partout des ouvriers, 2 ou 300 dans certaines mines, armés du pic à manche court, attaquent le roc qu'ils détachent en morceaux de grosseurs diverses. La *benne*, roulant sur les rails d'un petit chemin de fer, poussée par de plus jeunes mineurs, arrive, se charge de 4 hectolitres de houille, retourne au bas du puits, s'accroche au câble, une autre benne s'accroche dessous, parfois même une troisième ; et le câble, qu'attire une machine de cent chevaux de force, mène à l'orifice, après un voyage vertical de 280, parfois 350 mètres, 12 hectolitres de houille, que nous irons voir bientôt vivifiant d'autres industries.

Quelle vie que celle du mineur ! Enfoui huit heures par jour à 250 mètres sous terre, sans soleil et presque sans air, sans cesse en face de ces noires murailles qu'il démolit sans jamais les abattre, quelles peuvent être ses jouissances ? Et ces enfants de 15 ans qui déjà apprennent ce rude métier, quel avenir ! Et pourtant, jusqu'à 50 ans, pas un ne désertera l'atelier souterrain, que le soir, pour retrouver l'humble mais propret réduit de la cité ouvrière, ou encore la semaine de la *Ducasse*, pendant laquelle on ne descend point, pendant laquelle on boit, on danse, on fête la paye et la famille.

Remontons au soleil. Laissons ce peuple de Cyclopes à son labeur pénible, à sa vie de ténèbres, d'isolement et de dangers, de dangers, car parfois le *feu grisou* fait explosion, tuant le malheureux qui, de son pic, a ouvert la fissure ; parfois la voûte ou les parois s'écroulent, engloutissant, écrasant toute une équipe de travailleurs, dont, malgré tous les moyens de sauvetage promptement employés, on ne remonte que trop souvent les cadavres. Le monde industriel lui doit toute sa reconnaissance.

Nous voici sur la terre, tout chancelants, éblouis par la lumière, respirant à pleins poumons cet air dont la privation presque complète doit être une des grandes souffrances du mineur.

Visitons maintenant l'un de ces établissements auquel la houille donne la vie, dont elle assure les profits. Passons ces belles filatures de Saint-Quentin, ces verreries immenses, ces huileries nombreuses, pour aller étudier la sucrerie, cette industrie qui nous intéresse plus que toutes, nous autres agriculteurs, dont elle emploie les produits, dont elle prétend devoir emplir la caisse.

Pour arriver à ce résultat de rémunérer la culture de la betterave en même temps qu'elle s'assurait de beaux bénéfices, il a fallu que la sucrerie indigène passât par bien des étapes, bien des perfectionnements dans la construction de ses usines, dans la pose de ses appareils, l'utilisation de ses matières premières, l'amélioration de son travail, l'économie du combustible et de la main-d'œuvre, enfin l'application de la science à ses diverses opérations. Et encore ne donne-t-elle ces beaux résultats que dans les établissements montés sur une grande échelle ; partout les bénéfices sont en raison directe (à perfection égale dans la fabrication) de l'importance du travail quotidien. On est loin de ces modestes fabriques que montait, de 1810 à 1820, l'honorable M. Dellisle qui, malgré les hauts prix d'alors, ne vivait qu'à peine.

L'abaissement graduel et à peine arrêté des prix de vente, amené par la concurrence des sucres étrangers, par celle qu'elle se fait à elle-même en augmentant chaque année sa production, force la sucrerie d'abaisser ses prix de revient, et elle ne peut y arriver qu'en répartissant sur une grande masse de produits ses frais généraux, l'intérêt, l'entretien et l'amortissement de son magnifique, mais coûteux matériel.

C'est ainsi qu'on voit aujourd'hui monter des usines capables de travailler, en 100 jours de campagne, la récolte de 2 mille hectares de betteraves, soit 50 à 60 millions de kilogrammes (5 à 600 mille kilos par jour).

Parmi les plus belles usines en ce genre, on peut citer celles qu'a montées depuis 6 ans la maison Cail et Cie à Barbery et Beaurain (près Senlis), qui traitent par jour 400 mille kilos, avec 400 ouvriers. Les appareils y sont si bien montés, le travail si parfait, qu'à Beaurain notamment, où l'on traite 200 mille kilos de betteraves par jour, on n'emploie, par 1,000 kilos de racines, que 113 k. de charbon au générateur, soit 1 k. 78 par kilog. de sucre produit; on n'a qu'un ouvrier par 1,000 kilogrammes pour tous les travaux, et l'on donne 7 0/0 de sucre et 20 0/0 de pulpe. Ce sont de telles usines que l'agriculture doit désirer auprès d'elle, car c'est à elles qu'elle peut réclamer un prix rémunérateur de ses betteraves (de 16 à 24 fr. les 1,000 kil., en moyenne 20 fr.).

Entrons donc dans l'une d'elles pour

tâcher d'y suivre les transformations subies par notre racine, que de petits wagons charrient à l'un des bouts de la fabrique pendant que nous voyons partir de l'autre bout des chariots remplis de sacs lourds et marqués au plomb de la régie.

A peine jetée dans le laveur, la betterave gagne la râpe, au mouvement rapide, qui la réduit en pulpe fine. Un gros piston de pompe aspirante remplit de cette pulpe fluide de petits sacs de laine que des ouvriers empilent par 30 ou 40 sur le plateau d'une presse hydraulique. Comprimée avec une force prodigieuse, cette pulpe abandonne tout son jus sucré, à 1 ou 2 0/0 près, puis elle est extraite des sacs et renvoyée aux cultivateurs fournisseurs de betteraves, ou vendue, souvent à de hauts prix, à des engraisseurs, qui en savent tirer le meilleur parti. C'est une substance sèche, facilement transportable, très-nutritive, eu égard à son volume, et que nous verrons plus loin employée par les cultivateurs à reconstituer la fertilité de leurs terres, éprouvées par la betterave, en l'associant aux tourteaux, aux fourrages hachés, au son de blé, à toutes les nourritures du bétail des fermes.

Le jus sucré se rend dans les chaudières

à *défécation*, où, mélangé à un lait de chaux et chauffé pendant 20 à 25 minutes, il se débarrasse déjà, en produisant d'abondantes écumes, d'une grande partie de ses matières colorantes. Ces écumes, pressées, reviennent encore à la ferme, où elles servent d'excellent engrais.

Filtré deux fois sur du *noir animal*, saturé par un courant de gaz acide carbonique, voici le jus qui se rend dans l'*appareil à triple effet*, qui constitue le plus admirable perfectionnement de la fabrication actuelle. C'est une série de trois chaudières en cuivre, dans lesquelles une pompe à air fait le vide, pendant qu'un courant de vapeur cuit, à basse température, le jus, qui devient un sirop épais, à peine jaunâtre, quand il tombe en masse déjà cristallisée de la troisième chaudière dans les cristallisoirs, où le travail se termine.

Repris là et jeté dans les turbines, il y abandonne sa mélasse, chassée à travers les parois en toile métallique par la force centrifuge.

Voici le sucre en poudre, incolore, de très-bonne saveur et à cristaux brillants. Ensaché et plombé par la régie, il part à la raffinerie, où il rendra 95 0/0 de son poids en sucre de 1re qualité.

Ce qu'il faut de main-d'œuvre, de soins, de propreté, de tuyauterie, d'ingrédients de toutes sortes, de force motrice et surtout de vapeur pour mener à bonne fin toute cette série de minutieuses opérations qui touchent à la science du chimiste par tant de points, on ne peut s'en rendre compte qu'en les suivant avec attention, une à une. Toujours est-il qu'en payant à la culture la betterave 20 fr. les 1,000 kilogr., en vendant le sucre appelé autrefois *bonne quatrième* (aujourd'hui titre saccharimétrique, 88°), 60 fr. les 100 kilos, cette usine donne souvent 10 0/0 de dividende à ses actionnaires.

Nous disons ses actionnaires, car toujours, à peu près, les fabriques dans le Nord se montent par actions, et voici comment: Deux ou trois capitalistes, parmi lesquels se trouve souvent le constructeur même des appareils, vont trouver un cultivateur chez lequel on voit pouvoir monter une fabrique ; on passe quelques marchés de betteraves aux environs, et on monte. Le cultivateur, actionnaire lui-même, est le gérant de l'usine, et s'associe un directeur pour le travail matériel et minutieux de la fabrication. Les betteraves arrivent de 5, 6,

8 kilomètres par voitures, de 20 lieues par bateaux ou par chemin de fer ; ou bien on monte, dans un rayon de 12 à 15 kilomètres, plusieurs râperies annexes, sortes de petites usines dont le jus seul des racines est envoyé à la fabrique dans des tuyaux posés sous l'accotement des routes ou le long des berges des chemins. (A la sucrerie de Bresles, une râperie est à la distance de 14 kilomètres.)

C'est qu'aujourd'hui la culture, qui a eu si longtemps tout le poids du travail le plus aléatoire, le plus rude, souvent le moins payé, sait calculer le prix des transports, et préfère vendre un peu moins cher, et livrer à une très-faible distance, que d'aller au loin porter ses produits encombrants pour 1 ou 2 francs de plus par mille kilos. Elle recherche toujours ; elle fournit avec plus d'abondance que jamais cette industrie, mère de ses progrès, cause certaine de sa prospérité ; mais elle veut plus que jamais s'associer à elle ; elle exige, elle aussi, sa part de profits, après avoir si bien fourni sa part de labeur.

Chacun sait que ce n'est pas seulement à la fabrique que la betterave est laborieuse ; aux champs, pour la produire, il a fallu bien des efforts de travail, de matériel, de capital. Il a fallu de grandes améliorations dans l'outillage, une augmentation de bétail, un accroissement de fumure.

Nous allons essayer maintenant d'étudier les travaux de cette belle culture du Nord, en commençant par exposer les bases mêmes sur lesquelles elle s'appuie : Le CAPITAL, le BÉTAIL, les ENGRAIS.

---

## III.

### La Culture.

*Capital. — Bétail. — Engrais.*

Le Nord n'est point un pays de propriétaires exploitants. Les terres y sont tenues à bail par une classe de fermiers, riches la plupart, il est vrai, mais surtout actifs, intelligents, et ayant foi dans leur profession.

Pour eux, la culture c'est une industrie : une ferme n'est qu'une manufacture où les bénéfices ne viennent qu'en raison directe de l'importance des capitaux qu'on y engage et qu'on y sait bien employer. Aussi, n'est-ce point dans l'étendue de leurs exploitations qu'ils cherchent les moyens d'une production lucrative.

Les fermes, d'ordinaire réduites à 100 ou 125 hectares, n'atteignent qu'exceptionnellement 200 hectares et presque jamais au-dessus. Mais, considérées sous le point de vue des capitaux, ces fermes sont plus considérables qu'en aucun pays : « Voulez-vous » ne faire que de la culture, mais de la » bonne ? nous disait M. Crespin-Delinsel, » de Denain, prenez 1,000 francs ; voulez-» vous y annexer une industrie? doublez ce » chiffre par *hectare.* »

Vous riez, chers concitoyens de la Beauce, habitués à marcher avec 200 ou 300 fr. par hectare ; mais ceux d'entre nous qui, dans ces derniers temps, ont eu des velléités de culture intensive, en s'adonnant au colza ou à la betterave, n'auraient-ils pas gagné à doubler ou tripler ce chiffre ?...

Là-bas, 800, 1,000 et parfois 2,000 fr. par hectare affermé n'étonnent personne. Cette masse d'argent est représentée par un fonds de réserve d'abord, par un matériel complet *sans inutilités*, par les emblavures, et surtout par les engrais, les engrais en terre ou la richesse accumulée dans le sol d'un côté, de l'autre par les engrais en fabrication, c'est-à-dire par le bétail et les fumiers en tas. C'est là qu'est largement employé le capital. Et la culture du Nord a trouvé dans la betterave la plante par excellence pour donner d'abord le sucre ou l'alcool, denrées qui se vendent et reconstituent le capital-argent, puis la pulpe, denrée qui reste et reconstitue, par l'entremise du bétail, la richesse du sol, le capital-engrais.

Ce bétail producteur d'engrais, et d'engrais à bon marché, parce qu'il produit simultanément de la viande, est partout nombreux. L'élevage, celui du mouton surtout, s'y rencontre rarement. M. L. Pilat de Brebières, qui réussit des types dishley-mérinos analogues à ceux de M. Pluchet, est presque le seul éleveur du pays. Ce sont d'ordinaire des vaches ou laitières ou à l'engrais, des bœufs achetés partout (jusqu'en Allemagne), tenus quatre à cinq mois en stabulation permanente, à la ration d'engraissement, et vendus ensuite dans les villes populeuses du voisinage, parfois même dirigés sur Paris.

Ce bétail représente souvent une tête, une tête et demie, une tête deux tiers par hectare affermé. Chacun a, du reste, sa manière de faire sa spéculation.

M. G. Hamoir, de Saultain, entretient 150 bœufs à l'engrais, 50 bœufs de travail et 20 chevaux sur 225 hectares de terre ; il achète de jeunes bœufs du pays (qui ressemblent beaucoup aux hollandais) de deux à trois ans ; dans l'année il y choisit ses bêtes de trait, et vend les autres ainsi que ses réformes à la boucherie.

M. Cheval, à Etreux, tient, sur 120 hectares, 60 bœufs à l'engrais, 34 bœufs de trait et 20 chevaux, avec 400 moutons flamands ou artésiens ; ses bœufs sont achetés en Allemagne environ 760 francs la paire ; rendus à Etreux, *on les tond* comme des chevaux ; ils restent cinq à six mois à l'engrais et gagnent 80 à 120 francs chacun au départ.

M. Fiévet, à Masny, exploite 200 hectares. On trouve chez lui, à l'engrais, 100 vaches normandes coûtant en moyenne 250 à 280 francs, et se renouvelant toute l'année à mesure des ventes effectuées ; puis six vaches flamandes excellentes laitières dont il élève les veaux ; puis 800 moutons encore au parc et en laine le 10 décembre, et auxquels on envoie matin et soir des pulpes mêlées de fourrages hachés ; enfin 40 superbes chevaux pour la culture.

Sur ses 352 hectares de terres légères, assez peu profondes et évidemment bien inférieures à celles du Nord, M. Decrombecque, à Lens (Pas-de-Calais), trouvant le bœuf maigre trop cher, a acheté 150 taureaux qu'il graisse ainsi qu'une centaine de bœufs ; 50 autres travaillent avec les 35 chevaux. — Chez lui, les bêtes sont tondues au gaz en leur promenant par tout le corps une lampe à gaz qui leur brûle tout le poil.

On le voit, partout la proportion du bétail est infiniment supérieure à tout ce qu'on rencontre ailleurs. Il y est aussi mieux logé et mieux nourri.

Les étables et écuries, bâties en briques, sont d'ordinaire pavées et voûtées de même; des caniveaux à purin courent derrière les animaux pour entraîner les liquides au dehors. Les mangeoires, larges et solides, sans râteliers, sont surmontées d'un tuyau avec robinet qui, après les repas, y amène de l'eau pour désaltérer les bêtes. Dans les écuries pas de râtelier, mais sous la fourrière ordinaire une seconde auge toujours pleine d'eau, de façon que le cheval puisse, à sa fantaisie (qui chez l'animal ne fait qu'un avec le besoin), boire autant de fois qu'il le veut pendant son repas, comme nous le faisons nous-mêmes en déjeunant, au grand contentement de Messire Gaster. Dans le Nord, on rapporte à cette pratique, si simple pourtant, l'état florissant où l'on voit tous les chevaux.

L'absence générale de râteliers indique que toutes les nourritures sont données hachées et mélangées. Elles se composent de pailles, prairies ou hivernages (seigle et vesce d'hiver), de pulpes et de tourteaux, le tout mélangé ensemble et distribué en deux repas, à 8 heures du matin et à 3 heures du soir, dans les proportions suivantes :

Pour les bœufs ou vaches (suivant leur poids) :

| | | | | |
|---|---|---|---|---|
| Pulpe, de.......... | 20 | à | 30 | kilos. |
| Fourrages hachés, de | 5 | à | 6 | — |
| Tourteau, de...... | 1 | à | 3 | — |

Pour les moutons :

| | | | | |
|---|---|---|---|---|
| Pulpe, de.......... | 3 | à | 6 | kilos. |
| Fourrages hachés de | 1 | à | 2 | — |
| Tourteau.......... | » | à | » | — 1/4 |

Les chevaux reçoivent en trois repas :

| | | | | |
|---|---|---|---|---|
| Avoine aplatie, de.. | 6 | à | 8 | kilos. |
| Fourrages hachés, de | 5 | à | 6 | — |
| Paille hachée, de.. | 3 | à | 4 | — |

La pulpe coûte 0 fr. 01 c., le fourrage 0 fr. 07 c., le tourteau 0 fr. 15 c. le kilo.

On comprend qu'à ce régime, régulièrement suivi, le bétail, rarement tourmenté, s'assimilant bien des aliments préparés pour une digestion facile, doive profiter, prendre graisse, et payer en viande parfois au delà de la nourriture et des soins. Mais surtout on voit que, toujours enfermé, il doit produire une grande masse d'excellent fumier de ferme, l'engrais type, le meilleur de tous, celui sur lequel le Nord compte le plus, car on lui voit en importer rarement d'autres, si ce ne sont les tourteaux, qu'on a soin même (comme on vient de le voir) de faire passer par le corps du bétail pour les donner à la terre. Ce n'est que dans un rayon de quelques kilomètres autour de Lille et de Douai, qu'on rencontre les tonneaux d'engrais humain ou courte-graisse, si connu sous le nom d'engrais flamand.

Chaque fermier a encore sa manière de recueillir et de soigner le fumier que produit son bétail, et ce n'est pas le point le moins intéressant à étudier.

La plate-forme ne se rencontre nulle part, on lui reproche d'exiger trop de main-d'œuvre.

Chez MM. Fiévet et Cheval, les litières,

sorties chaque matin des étables, sont éparpillées dans un carré de la cour arrangé en cuvette défendue de l'eau des toits par des trottoirs pavés, et munie à son point le plus bas d'une citerne où une pompe à purin puise les liquides pour les rejeter sur le tas quand besoin en est : c'est la fosse à fumier parfaitement établie.

M. Decrombecque, dans l'intention d'augmenter la masse et surtout la qualité de ses fumiers, et aussi pour économiser la main-d'œuvre, a adopté une méthode toute particulière. Ses étables et écuries sont creusées d'environ 1 mètre 25 centimètres au-dessous du niveau des cours, et munies de mangeoires mobiles (une partie est même divisée en boxes, chacune pour un seul animal). On descend la bête destinée à l'engraissement dans cette sorte de fosse ; chaque jour on lui fait une mince couche de litière pailleuse, qu'on stratifie avec de la chaux, du sable, des cendres de houille, de tourbe, de la terre, toutes sortes de matières absorbantes pour empêcher le dégagement de l'ammoniaque. Chaque jour l'animal et sa mangeoire montent un peu ; et quand ses pieds sont au niveau de la cour, on le sort pour l'envoyer au boucher ; puis on charge dans les chariots pour le mener directement aux champs le fumier produit, qui présente une masse compacte, homogène, modérément humide, uniformément tassée, ayant conservé le plus haut degré de richesse utilisable, et un tiers plus considérable, dit M. Decrombecque, que celle qu'aurait pu produire le même animal en lui enlevant chaque jour sa litière. — Evidemment plus économique que la méthode ordinaire, cette méthode se répand déjà, et nous l'avons vue employée chez M. Hamoir, à Saultain, qui, pour la mettre en pratique, a dépavé de fort belles étables. C'est presque un enterrement vivant pour les pauvres bêtes qui ne peuvent pas toujours être très-propres ainsi ; mais pour les quelques mois qu'elles ont encore à vivre, elles sont bien couchées ; et puis leur fumier, quoique plus difficile à arracher et à charger, gagne tant de qualité et de volume !

Un propriétaire de Denain, M. Crespin-Delinsel, qui tient peut-être la plus grande exploitation du département (800 hectares avec sucrerie et plusieurs millions de capital engagé), a encore simplifié la méthode Decrombecque : au milieu d'une cour, à ciel nu, une quarantaine de vaches parquées à l'aide de barrières légères, et non attachées, fabriquent sur place un tas d'excellent fumier sur lequel on étale chaque matin la litière déjà trépignée des chevaux ; à l'heure des repas, les vaches s'attablent autour d'espèces de grandes cuves longues où l'on verse les rations. On n'a d'autre soin que de charger les chariots pour conduire aux champs.

C'est bien là la main-d'œuvre réduite à sa plus simple expression, et la fabrication de fumier la plus économique qu'onpuisse rêver.

Dire maintenant que ces fermes disposent pour chaque hectare et par an de 15 à 20,000 kilos de fumier ne devra étonner personne, en se rappelant la quantité du bétail, sa bonne nourriture, les soins donnés aux engrais : en effet, chaque bête à cornes à l'engrais donnant environ 15,000 kilos par an, nous aurons, à raison *d'une tête et un tiers* par hectare, 18 à 20,000 kilos par hectare et par an, et si l'assolement ne réclame qu'une fumure tous les deux ans, elle pourra être de 35,000 kilos ; tous les trois ans de 50,000 kilos ; tous les quatre ans de 75,000 kilos, c'est-à-dire au moins trois fois autant que nous en donnons à chaque rotation à nos terres de Beauce.

Nous verrons prochainement qu'on sait tirer parti du fumier aussi bien qu'on sait le produire, en étudiant la culture proprement dite et les récoltes.

---

## IV.

### Assolement. — Culture des Plantes.

Il est fort difficile de désigner l'assolement suivi dans le Nord. Il change presque à chaque commune, presque à chaque ferme. — Et d'ailleurs la richesse acquise du sol ne permet-elle pas des cultures à peu près libres ? Une rotation donnant place tour à tour aux plantes les plus avantageuses au moment donné ?

Pourtant on remarque pour le blé (cette plante reine dans toutes les régions agricoles) un retour à peu près régulier, là tous les deux, là tous les trois, ici et plus rarement tous les quatre ans ; la plupart le ramènent tous les trois ans, comme chez nous, mais mieux précédé, mieux préparé, mieux suivi, et donnant en moyenne *neuf* hectolitres de plus qu'en Eure-et-Loir à l'hectare.

On y remarque aussi l'abandon général de deux plantes fort en honneur en Beauce : la luzerne, qu'on dit trop peu rémunératrice et très-salissante ; l'avoine, qu'on ne trouve que dans quelques champs débarrassés trop tard à l'automne, ou quelquefois fumée pour préparer la place au lin, quoique celui-ci vienne mieux après trèfle fumé entre les deux coupes.

Quelques fabricants de sucre ont l'assolement biennal :

1° Betteraves fortement fumées.

2° Blé.

Mais le plus grand nombre adopte la rotation triennale ; tous les environs de Valenciennes font :

1° Betteraves fortement fumées (50 à 80,000 kilos à l'hectare).

2° Blé semé en lignes à raison d'un hectolitre 75 litres à l'hectare.

3° Prairies (trèfle, minette, sainfoin) et hivernage.

A Masny, à cause du voisinage de Douai, on met du lin dans une partie de la première sole ; et alors, au lieu d'une partie de prairie, on fait avoine fumée pour lui faire succéder le lin sans fumure directe.

Quelques petits ménagers (qui ne comptent pour rien leur propre travail) remplacent la betterave ou l'hivernage par la chicorée sauvage, qu'ils arrachent en octobre ou novembre, taillent en longues cossettes pour les sécher à la touraille, et vendent sans doute aux fabricants de café. Vous le voyez, les épiciers de Chartres ne sont pas seuls à donner le change aux amateurs de demi-tasses.

La culture du Nord s'exerce donc sur les plantes les plus capables d'utiliser de fortes fumures et d'arriver aux plus forts rendements, tout en satisfaisant les besoins des industries voisines ou l'énorme consommation locale.

La première de toutes ces plantes, celle qui dans le berceau de la sucrerie indigène devait être et est devenue le pivot des assolements, c'est la betterave :

Mieux que toutes les autres, elle permet et utilise les grosses fumures ;

Elle nettoie et approfondit la couche arable ;

Elle donne à la fois la matière première à l'industrie locale, et la nourriture quotidienne au bétail de la ferme, qu'elle permet d'entretenir fort nombreux et en bon état ;

Enfin, et surtout, elle est une excellente préparation pour le blé, pourvu que la terre soit assez fortement fumée pour qu'il trouve après elle sa part d'engrais.

Pour sa culture, on déchaume en septembre, octobre ou novembre, à l'aide du binot ou du Brabant ; dans le cours de l'hiver, on fume sur ce déchaumage à raison de 50, 60 et même 80,000 kilos de fumier de ferme à l'hectare ; on enterre par un profond labour de janvier à mars, et on laisse la terre se reposer jusqu'aux semailles, en avril et mai, qui se font toujours au semoir (celui de M. Hamoir, celui de M. Penin, de Douai, ou tout autre), en lignes espacées de 28 à 40 centimètres. — La betterave reçoit trois et souvent quatre binages dans le cours de sa végétation. L'arrachage se faisait d'ordinaire au louchet, mais un constructeur de Lens, M. Morel, a inventé une petite charrue qui rappelle beaucoup la charrue taupe de Mathieu de Dombasle, et qui, à l'aide de deux chevaux et un homme, culbute fort lestement un hectare de betteraves par jour sans les endommager. Nous avons vu quatre de ces instruments chez M. Decrombecque, puis deux chez M. Fiévet, qui nous a déclaré en être très-satisfait, et regarder son introduction dans une grande culture de betteraves comme un grand bienfait.

Après cette récolte, qui rend communément de 40 à 50,000 kilos de racines à sucre à l'hectare, la terre est labourée, et en novembre, souvent en décembre, le blé est semé, toujours en lignes, à raison de 1 hectolitre 50 à 1 hectolitre 75 à l'hectare ; et malgré cette faible quantité de semence, la terre est si riche, le blé y talle si bien au printemps après le sarclage qu'on lui donne presque toujours, qu'il arrive à des rendements de 28, 30 et 35 hectolitres à l'hectare (la moyenne générale du département du Nord est de 26 hectolitres) ; et aux incrédules qui prétendent que la culture de la betterave est ennemie et doit *enrayer* la production du blé, ils répondent par ce chiffre de la *statistique officielle*, inscrit un jour de fête publique à Valenciennes, sur un arc de triomphe :

Production du blé moyenne de l'arrondissement avant la fabrication du sucre .................. 353,000 hect.

Nombre de bœufs........ 700

Production du blé moyenne par an depuis la culture de la betterave............... 421,000 hect.

Nombre de bœufs....... 11,500

Que répondre à ces chiffres ?...

Dans une grande partie de la sole des

blés, on sème des graines de prairies, surtout du trèfle dont les deux coupes donnent généralement dans ces terres richement fumées, propres, fraîches, et qui ne le portent que tous les six ou neuf ans, 6,000 kilos de fourrage sec à l'hectare ; l'autre partie de la sole est réservée aux fourrages verts, à l'hivernage surtout qui y donne souvent 1,500 bottes, puis aux vesces et mélanges de printemps, qui doivent se consommer l'été toujours hachés et mélangés à la pulpe de réserve et aux tourteaux.

Quelques cultivateurs, qui ont conservé l'assolement triennal moins modifié, font encore, sur une partie de leurs chaumes de blé, de l'avoine à laquelle succèderont, dans la sole de betteraves, les fourrages verts qui réduiront d'autant l'étendue des racines. Parfois, c'est le lin qui accompagne la betterave, rarement le colza, qui paraît s'être concentré autour de Lille et dans la plaine de Caen, où de nombreux moulins le pilent pour en extraire l'huile.

Voilà, sans illusion juvénile, comme sans idée préconçue, l'exposé des faits et des chiffres pris sur les lieux de la culture flamande : elle effraie de loin, mais vue de près elle paraît beaucoup moins compliquée qu'on ne le pense dans ses opérations.

Production de la betterave, du blé et de la viande : voilà pour la vente.

Production de fourrages et de bon fumier : voilà pour la consommation intérieure et le renouvellement des productions de vente.

Echelonnez sur cette voie tous les cultivateurs, d'autant plus avancés qu'ils disposent de plus d'instruction et ont engagé plus de capitaux, et vous aurez idée de la position de ces fermiers flamands ou picards, que j'ai entendu parfois traiter de *Messieurs*, à des gens qui certes ne les connaissent point, et supposent qu'ils ne cultivent que de loin et par commis leurs terres.

Que ces gens-là se détrompent. Ces *Messieurs* sont, plus que nous et que bien d'autres, tout entiers à leur affaire, toujours là, soignant et dirigeant sans relâche et l'ensemble et les détails de leur laborieuse culture, et ils le font avec plus d'activité, d'énergie que personne. Ils ont à un haut degré cet esprit des affaires (qui nous a trop manqué jusqu'à ce jour), ce qui les met à même de provoquer, de multiplier les occasions d'agir et d'en tirer profit.

---

Et maintenant quel fruit allons-nous avoir recueilli de cette longue excursion? Quelles conséquences allons-nous tirer de cette étude encore imparfaite, quoique déjà longue?

Ferons-nous le procès à la Beauce de n'être pas déjà entrée de plein pied dans cette voie que nous proclamons si bonne là-bas. — Nullement.

« En agriculture rien n'est absolu, la routine elle-même a sa raison d'être, » disait l'illustre fondateur de Grignon. Le milieu où l'on est, les circonstances qui vous entourent, les moyens d'action dont on dispose, commandent le plus souvent la manière de faire.

Et d'ailleurs, la Beauce n'a pas été tellement réfractaire au progrès qu'on la puisse tant accuser de routine invétérée.

Elle a su, il y a longtemps déjà, et quand le haut prix de la laine l'y engageait, s'approprier, faire sienne la race mérinos, puis remplir ses jachères de prairies artificielles, propres à nourrir cette race précieuse.

Plus récemment, avertie par la baisse croissante du prix des toisons, que ne fera qu'amoindrir encore le nouveau régime économique inauguré en 1860, elle s'est mise peu à peu, à regret il est vrai, mais avec habileté, à transformer ses moutons osseux, grands mangeurs, tardifs à l'engraissement, en bêtes plus tendres, plus aptes à produire de la viande, surtout plus précoces.

Mais elle s'est vite aperçue que la viande produite avec l'avoine et la luzerne coûtait trop cher, et elle a appelé à son secours les racines. La betterave a pris place dans ses assolements, petitement, timidement encore ; mais enfin elle a acquis droit de cité. Chez quelques-uns même, elle s'est produite sur une assez grande échelle pour qu'on la livrât au travail industriel de la distillation.

C'est qu'en effet, donné en nature, cet aliment excellent revient encore à un haut prix. Et voilà pourquoi, dans le Nord, on lui a substitué *la pulpe*, qui, sous un volume excessivement restreint, contient la presque totalité de ses principes nutritifs, et coûte infiniment moins cher.

Une grande partie des succès agricoles de cette contrée vient de là. Pourquoi donc, en Beauce, les mêmes causes n'engendreraient-elles pas les mêmes effets ?

Notre sol est plus fertile que ne l'était *au début* celui du Nord. Nous savons qu'il y peut venir de la betterave. Voici que la facilité des transports, l'établissement des voies ferrées, et aussi un peu l'abaissement de richesse saccharine des betteraves dans le Nord, ont fait passer la Seine à la grande industrie sucrière. L'esprit commercial et les capitaux la suivront. Voici qu'elle se présente à la Beauce : étudions-la attentivement dans ses projets, dans ses combinaisons, dans ses prix ; et quand nous nous serons assurés que ce ne sont pas des marchés de dupes qu'elle nous propose, acceptons résolument son alliance : c'est probablement l'un des rares moyens qui nous permettront de faire face aux nécessités de l'avenir.

P. ROUSSILLE.

FIN.

Chartres. — Imp. et lith. de Georges Durand.

www.ingramcontent.com/pod-product-compliance
Ingram Content Group UK Ltd.
Pitfield, Milton Keynes, MK11 3LW, UK
UKHW021649260726
13994UKWH00003B/1366

9 782329 369723